Almojtaba A. Ahmed Bakheet

Aplicação de líquidos iónicos na extração em fase sólida

Almojtaba A. Ahmed Bakheet

Aplicação de líquidos iónicos na extração em fase sólida

Imprint

Any brand names and product names mentioned in this book are subject to trademark, brand or patent protection and are trademarks or registered trademarks of their respective holders. The use of brand names, product names, common names, trade names, product descriptions etc. even without a particular marking in this work is in no way to be construed to mean that such names may be regarded as unrestricted in respect of trademark and brand protection legislation and could thus be used by anyone.

Cover image: www.ingimage.com

This book is a translation from the original published under ISBN 978-3-659-89341-4.

Publisher:
Sciencia Scripts
is a trademark of
Dodo Books Indian Ocean Ltd. and OmniScriptum S.R.L publishing group

120 High Road, East Finchley, London, N2 9ED, United Kingdom
Str. Armeneasca 28/1, office 1, Chisinau MD-2012, Republic of Moldova, Europe
Printed at: see last page
ISBN: 978-620-7-60992-5

DEDICATÓRIA E

AGRADECIMENTOS

Para:

A alma do meu pai com muito amor

A minha mãe, cuja dedicação contínua e viva e cujo apoio continuaram a ser uma fonte ilimitada de encorajamento para mim.

A minha mulher, filha e filho, irmãos e irmãs que proporcionaram um ambiente saudável e propício à minha volta, permitindo que este esforço se concretizasse.

Zhu Xia Shi pelas suas valiosas sugestões, conselhos, orientação, encorajamento contínuo e paciência ao longo do meu estudo.

Os meus sinceros agradecimentos são extensivos aos meus professores, amigos e família pelo seu apoio e encorajamento.

Índice

Resumo :

Este livro apresenta um levantamento dos progressos mais recentes e representativos no que respeita aos líquidos iónicos e aos líquidos iónicos poliméricos na extração em fase sólida, desde as suas abordagens fundamentais até às suas aplicações na extração em fase sólida. Destaca também os recentes avanços em IL-SPE e MSPE.

Palavras-chave: Líquido iónico; poli(líquido iónico); Extração em fase sólida.

CAPÍTULO 1

1.1. Introdução

Recentemente, os líquidos iónicos (LIs) têm sido amplamente estudados devido às suas estruturas interessantes e propriedades invulgares[1]. Estes compostos não moleculares apresentam pontos de fusão inferiores a 100°C, pressão de vapor baixa a negligenciável à temperatura ambiente, elevada estabilidade química e amplas janelas electroquímicas[2, 3]. Eles também têm sido apontados como solventes verdes porque não geram compostos orgânicos voláteis e são hidroliticamente estáveis. As suas estruturas podem ser facilmente modificadas alterando a natureza do(s) seu(s) catião(ões) e/ou anião(ões), ou incorporando diferentes grupos funcionais às porções catiónicas/aniónicas[4].

Apesar da evolução da instrumentação analítica, a análise ou extração de amostras complexas continua a ser um problema sem um pré-tratamento da amostra, pelo que se trata da parte mais importante de todo o processo de análise[5]. O desenvolvimento de novos materiais como adsorvente de extração em fase sólida na preparação de amostras tem sido amplamente explorado para obter materiais mais selectivos com maior capacidade de adsorção[6, 7].

Os líquidos iónicos poliméricos (PILs) são uma nova classe de materiais que combina as propriedades dos ILs e dos polímeros. Estes compostos têm suscitado grande interesse numa variedade de domínios, desde a síntese de materiais à ciência da separação[8].

A extração em fase sólida (SPE) é a técnica de separação/preconcentração mais utilizada, principalmente devido à variedade de materiais diferentes utilizados como sorventes[9]. Os extractores de fase sólida distinguem-se pelas suas propriedades cinéticas rápidas, bem como pela simplicidade da sua preparação.

A ancoragem de IL a materiais magnéticos pode combinar as propriedades únicas de IL com as vantagens dos materiais magnéticos. Zhang et al. utilizaram pela primeira vez nanopartículas magnéticas modificadas com IL na extração em fase sólida baseada em hemimicelas mistas para a pré-concentração de três hidrocarbonetos aromáticos policíclicos (PAH) de amostras ambientais[10]. No entanto, o IL foi fisicamente adsorvido na superfície das nanopartículas magnéticas, o que limitou a reutilização dos materiais magnéticos modificados com IL. Os IL, que estão ligados covalentemente a materiais de suporte, podem proporcionar uma elevada estabilidade e minimizar a perda de IL durante a extração e a eluição.

Já foram demonstrados alguns exemplos de aplicação de PIL, como o revestimento em SPME, electrólitos poliméricos, catálise, etc. Os revestimentos SPME à base de PIL apresentaram elevada estabilidade térmica e seletividade de extração, boa durabilidade e longa vida útil[11, 12]. A utilização de brometo de poli(1-vinil-3-butilimidazólio) permitiu o fabrico de membranas polielectrólitas contendo grafeno mecanicamente estáveis[13]. Os polímeros ancorados na superfície do suporte magnético podem oferecer a vantagem de uma grande área de superfície e de sítios de adsorção abundantes. Foi relatado que os materiais magnéticos revestidos com PIL provaram ser um catalisador mais eficiente em comparação com a imobilização de IL convencional [14].

A presente análise abrange os líquidos iónicos e os líquidos iónicos poliméricos que têm sido utilizados como materiais sorventes na extração em fase sólida SPE e na microextracção em fase sólida (SPME), abordagens como sorventes na SPE e salienta os recentes avanços na IL-SPE e na SPME. Em seguida, é apresentada uma série de estudos seleccionados que introduzem algumas das aplicações de IL e PIL em SPE e SPME, a fim de ilustrar as suas vantagens e limitações.

CAPÍTULO 2

2.1.Líquidos iónicos importantes

Os líquidos iónicos que são líquidos à temperatura ambiente ou abaixo desta são designados por líquidos iónicos à temperatura ambiente (RTIL). Os líquidos iónicos são auto-dissociados e não necessitam de um solvente para se dissociarem em catiões e aniões, o que os distingue dos sais clássicos como o NaCl, o KBr, etc., que necessitam de um solvente molecular para se dissociarem em catiões e aniões. Em geral, os catiões dos líquidos iónicos são orgânicos e grandes, enquanto os aniões dos líquidos iónicos são entidades inorgânicas/orgânicas de diferentes tamanhos.

Os líquidos iónicos mais comuns são formados pela combinação de: (i) uma estrutura catiónica heterocíclica orgânica de baixa simetria, como o imidazólio, o piridínio, o tetraalquilfosfónio, o pirrolidínio, o tetraalquilamónio, etc. e (ii) um anião inorgânico ou orgânico que pode ser polinuclear, como Al2Cl7, Al3Cl10, hexafluorofosfato [PF6], tetraafluroborato [BF4], nitrato [NO3], sulfato de octilo [OcSO4], etc.[15]. É de notar que a maioria dos líquidos iónicos (ver Tabela 1) tem um catião ou anião com carga simples, mas recentemente foram também descritos líquidos iónicos com espécies duplamente carregadas[16].

Quadro 1

Examples of some common ionic liquids with their formula structure and abbreviation.

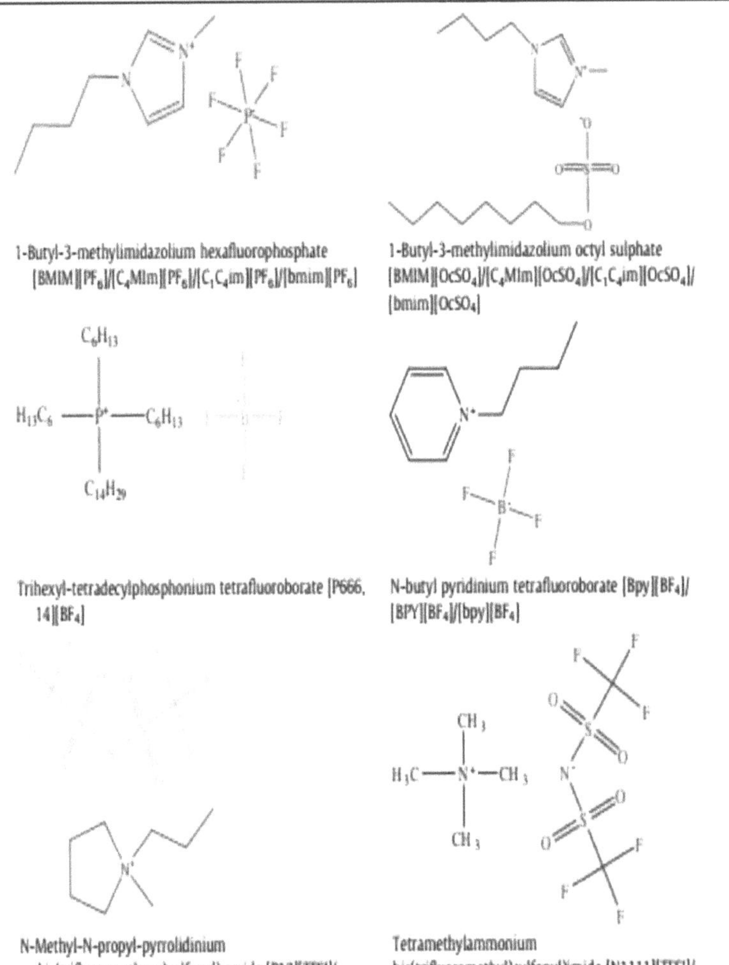

* Im-Imidazolium, Py-Pyridinium; M, E, B, H, O respectively stand for alkyl groups methyl, ethyl, butyl, hexyl and octyl

As propriedades físico-químicas únicas dos líquidos iónicos fazem deles um bom substituto dos solventes orgânicos padrão num grande número de reacções químicas diferentes. Devido à estabilidade química e à possibilidade de utilização reciclada, os líquidos iónicos estão no campo de interesse da indústria [17, 18]. As propriedades dos LI podem ser modificadas por simples alterações na natureza do catião ou do anião. O conhecimento da forma como se alteram as propriedades físico-químicas dos líquidos iónicos é crucial para a sua conceção optimizada, pelo que todos os métodos utilizados para a previsão de algumas propriedades dos LI podem ser extremamente úteis. A química teórica oferece três formas de prever as propriedades dos líquidos iónicos. Os métodos de relação quantitativa estrutura - propriedade (QSPR) baseiam-se na extrapolação de propriedades já conhecidas ou calculadas do conjunto de moléculas de treino. O modelo de relação recentemente construído pode ser utilizado para a previsão das propriedades específicas das novas moléculas. Os métodos semi-empíricos e abinitio podem ser utilizados para calcular a densidade eletrónica (distribuição de cargas, polarizabilidade), a geometria molecular e o volume dos pares de iões [19, 20]. A elevada correlação entre o volume molecular e as propriedades físico-químicas básicas dos líquidos iónicos foi demonstrada por Slattery et al. [21] e Wilenska et al. [22]. Campo de forças empírico e métodos de dinâmica molecular

(MD) pode ser utilizada para a previsão de quase todas as propriedades físico-químicas de líquidos iónicos, mas os resultados obtidos dependem muito dos parâmetros de simulação.

CAPÍTULO 3

3.1. Extração em fase sólida

A extração em fase sólida (SPE) pertence ao grupo das técnicas de extração por sorção, em que a amostra é colocada em contacto com um material adequado, pelo que a disponibilidade de diferentes materiais para efetuar a extração é essencial. Por conseguinte, a investigação sobre estas técnicas centra-se frequentemente no desenvolvimento de novos materiais para obter uma maior seletividade e capacidade da técnica.

Os sorventes clássicos utilizados em SPE são [2]:

(1) à base de sílica, modificados com grupos C18, C8, fenilo, CH, CN ou NH2;

(2) sorventes à base de carbono, incluindo negro de fumo grafitado (GCB) e carbono grafítico poroso (PGC); e,

(3) sorventes poliméricos porosos, principalmente o poliestireno-divinilbenzeno (PS-DVB) macroporoso.

Para melhorar a capacidade, foram desenvolvidos sorventes com ligações hipercruzadas que, devido à sua superfície específica ultra-elevada de até 2000 m2/g, proporcionam um grande número de pontos de interação com as substâncias a extrair. A estrutura hidrofóbica dos polímeros porosos originais foi também melhorada com a introdução de sorventes hidrofílicos macroporosos e hipercrosslinked hidrofílicos. A hidrofilicidade dos adsorventes pode ser introduzida através de um monómero precursor hidrofílico ou modificando quimicamente o esqueleto do polímero PS-DVB [23].

Desde o final da década de 1990, foram publicados vários estudos para demonstrar o potencial dos LI na química analítica. Algumas destas publicações são revisões do estado da arte [24], enquanto outras apresentam aplicações específicas, principalmente centradas em fases estacionárias em técnicas de separação {e.g., cromatografia gasosa (GC), cromatografia líquida (LC) e electrocromatografia capilar (CEC) [25], e como solventes ou modificadores em técnicas de extração de líquidos {e.g, extração líquido-líquido (LLE), microextracção em fase líquida (LPME), microextracção por gota única (SDME) e microextracção em fase sólida (SPME) [26], ou como parte de material sorvente em técnicas de extração {e.g., SPME[27] ou SPE [28]}, cujo interesse tem vindo a aumentar ultimamente. Devemos salientar que o estado líquido dos ILs se perde quando imobilizados num suporte sólido. No entanto, nestas condições, as interacções do tipo multimodal podem ainda ser exploradas.

A extração magnética em fase sólida (MSPE), baseada na utilização de adsorventes magnéticos, atraiu recentemente grande atenção como uma nova técnica de preparação de amostras [29, 30]. Em alguns procedimentos, os adsorventes magnéticos são dispersos na solução da amostra, proporcionando uma abordagem rápida e eficiente para extrair e enriquecer as substâncias a analisar. Os materiais magnéticos com analitos capturados podem ser prontamente separados da matriz da amostra por um campo magnético externo. Em comparação com a extração tradicional em fase sólida (SPE), esta técnica não requer o empacotamento de colunas, o que pode simplificar o processo total da operação. Devido a estas características únicas, a MSPE tem encontrado aplicações generalizadas em muitos domínios, como a análise de alimentos, a análise ambiental e a análise biológica[31, 32].

CAPÍTULO 4

4.1. Abordagens para extração em fase sólida

Do ponto de vista metodológico, podem ser reconhecidas duas abordagens básicas na SPE, os procedimentos em linha e fora de linha. No modo de pré-concentração/separação fora de linha, a fase enriquecida é transferida manualmente para o detetor. A abordagem em linha permite um elevado rendimento da amostra com uma menor contaminação da mesma, uma vez que todas as operações são efectuadas automaticamente.

4.1.1. Modo off-line

Na SPE clássica, um sorvente apropriado é colocado numa coluna, seguido do carregamento da amostra líquida para reter um analito e, em seguida, é efectuada a etapa de eluição. As tendências modernas na SPE, com exceção do desenvolvimento de novos materiais sorventes, vão no sentido da simplificação, miniaturização e baixo consumo de solventes orgânicos e amostras [33]. A extração sortiva em fase sólida (SBSE) tem um mecanismo de extração semelhante ao da microextracção em fase sólida (SPME), mas utiliza um volume de extração muito maior, o que resulta numa maior capacidade de absorção, recuperações mais elevadas e natureza isenta de solventes [34]. No entanto, existem alguns problemas associados à SBSE, tais como a limitação do revestimento comercial e a abrasão do revestimento da barra de agitação feita em laboratório. Estão continuamente a ser realizados vários estudos com o objetivo de elaborar novos materiais utilizados para o revestimento de agitadores magnéticos ou novas variantes de SBSE, que foram resumidos em revisões recentes [33],[35].

Uma das variações da técnica de fase sólida que reduz consideravelmente o tempo e simplifica a extração é a SPE dispersiva, na qual a extração não é realizada na coluna, cartucho ou disco, mas é dispersa na amostra líquida. Em comparação com os métodos SPE clássicos, não é necessário o pré-condicionamento do adsorvente, o que simplifica o seu desempenho e reduz o tempo de extração. Foram estudados vários nanomateriais como adsorventes em fase sólida para esta técnica, como os nanotubos de carbono, o óxido de grafeno e as nanopartículas com impressão molecular [36],[37]. Em particular, as nanopartículas que contêm componentes magnéticos permitem um enriquecimento conveniente e altamente eficiente. As nanopartículas são dispersas na solução da amostra e, após o processo de adsorção, são facilmente separadas da matriz através da aplicação de um íman externo, enquanto a solução é eliminada. Em seguida, os analitos-alvo são dessorvidos com uma solução adequada e as nanopartículas são regeneradas para reutilização, como se mostra esquematicamente na Fig. 1.

4.1.2. Modo em linha

Os sistemas de fluxo, em que a amostra aquosa é introduzida no percurso analítico e processada no seu interior em condições reprodutíveis, provaram ser excelentes ferramentas para a automatização do pré-tratamento de amostras com técnicas de separação e/ou pré-concentração em linha baseadas nos princípios de sorção. Resumidamente, a análise por injeção em fluxo (FIA) baseia-se na injeção de um volume de amostra preciso num transportador ou fluxo de reagente em movimento. No decurso do seu percurso através da bobina de reação, a zona da amostra dispersa-se e reage com o reagente para formar uma espécie detetável [38]. Ao contrário da FIA, a análise por injeção sequencial (SIA) é uma técnica totalmente controlada por computador, baseada na utilização de uma válvula de múltiplas posições, a partir de cujos orifícios são aspiradas sequencialmente zonas individuais, doseadas com precisão, de amostra e reagente(s), por meio de uma bomba de seringa e empilhadas numa bobina de retenção [39]. Em seguida, os segmentos são impelidos para a frente em direção ao detetor, sofrendo uma mistura parcial e promovendo, assim, uma reação química, cujos resultados são monitorizados pelo detetor. A utilização de bombas de seringa como condutores de líquido permitiu a manipulação de volumes de amostras e reagentes a níveis baixos de pL com elevada precisão. A terceira geração de análise em fluxo, a injeção sequencial lab-on-valve (SI-LOB), tem vantagens específicas e permite aplicações novas e únicas, nomeadamente para a separação em linha e a pré-concentração de metais vestigiais [40].

Utilizando esta abordagem, o conteúdo das colunas SPE é retirado em linha e substituído para cada execução analítica, evitando assim a perda parcial das suas capacidades de sorção e reduzindo o risco de contaminação.

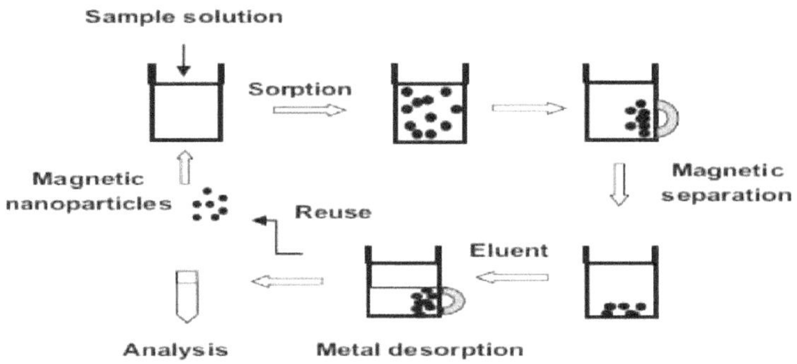

Fig. 1. Esquema da descrição do processo de exlracção em fase sólida utilizando partículas de náilon magnético.

CAPÍTULO 5

5.1. Algumas aplicações de ILs em SPE e MSPE:

As MNPs revestidas com líquidos iónicos foram utilizadas como adsorvente na extração em fase sólida para a separação de muitos analitos introduzidos em diferentes estudos.

Fe3O4@SiO2@IL foram preparados através de auto-montagem e utilizados como agentes MSPE, combinando as vantagens dos ILs e das nanopartículas magnéticas (MNPs). Em comparação com relatórios anteriores[41], o método MSPE aqui relatado proporcionou um processo de preparação de amostras rápido e eficiente, que permitiu o tratamento de um grande volume de amostras num curto período de tempo. Um novo método MSPE acoplado à HPLC foi, portanto, estabelecido para a separação/análise de RhB em amostras de alimentos[1]

As IL-MNPs foram aplicadas na extração magnética em fase sólida (MSPE) de vários compostos, tais como flavonóides[42], ergosterol[43], lipase[44], corante[45], ADN[19], metais[46], ésteres de ftalato[47],[48], herbicidas de sulfonilureia[49] e enzimas[50],[51].

Num outro trabalho, foram preparados agentes magnéticos de extração em fase sólida, Fe3O4@SiO2@ILs, através de auto-montagem. Este adsorvente combina as vantagens dos ILs e das nanopartículas magnéticas (MNPs). Em comparação com os trabalhos anteriormente relatados [54], esta MSPE baseada em adsorvente fornece um processo de preparação de amostras rápido e eficiente, que permite o tratamento de amostras de grande volume num curto período de tempo. As NPs Fe3O4@SiO2 podem ser utilizadas repetidamente durante 10 vezes. Em comparação com outras Refs. [55], a reutilização das NPs Fe3O4@SiO2 foi melhor. Além disso, foi estabelecido um novo método de extração magnética em fase sólida associado à espetrometria UV para a separação/análise do linurão a partir de amostras reais.

Devemos salientar que o estado líquido dos ILs é perdido quando imobilizados num suporte sólido. No entanto, nestas condições, as interacções do tipo multimodal podem ainda ser exploradas. Neste trabalho, os investigadores desenvolveram uma nova fibra SPME através da preparação de revestimentos de PDMS mediados por IL quimicamente ligados aos nanotubos de carbono. Durante o processo sol-gel, o "sol-gel mediado por líquido iónico reforçado com CNTs" preparado ficou quimicamente ligado à fibra de sílica fundida com imobilização química inerentemente eficaz, estabilidade térmica e maior eficiência de extração. O revestimento desenvolvido foi então utilizado para a determinação de compostos PAH nas amostras de urina com GC-FID[55].

Num artigo diferente, foi sintetizada uma perlite expandida imobilizada com líquido iónico ultraleve (IL-EP) e caracterizada por espetroscopia de infravermelhos com transformada de Fourier (FTIR) e microscopia eletrónica de varrimento (SEM). A IL-EP-SPE seguida de espetroscopia de fluorescência foi aplicada para separar/analisar o BPA em amostras reais com resultados razoáveis[56].

A aplicação potencial do MSPE com Fe3O4@SiO2 revestido com líquido iónico [OMIM]PF6 como adsorvente (Fe3O4@SiO2@ILs) para extrair BPA em loiça de plástico foi investigada noutro trabalho. Os resultados revelaram que os Fe3O4@SiO2@ILs apresentaram excelentes propriedades de adsorção. Foi estabelecido o método de extração magnética em fase sólida associado à cromatografia líquida de alta resolução com deteção por fluorescência (HPLC-FLD) para a separação/análise de BPA em amostras reais[57].

Num outro trabalho, foi estabelecido um novo método MSPE baseado em NPs magnéticas e hemimicelas mistas de RTILs para a pré-concentração de três flavonóides (quercetina, luteolina e kaempferol) em amostras de urina. Foram preparadas hemimicelas mistas através da adsorção de C16mimBr na superfície de NPs Fe3O4@SiO2 e

foram estudados os factores experimentais predominantes que afectam a eficiência da extração. Tanto quanto é do nosso conhecimento, este foi o primeiro relatório sobre a utilização de Fe3O4@SiO2NPs revestidas com líquido iónico para a pré-concentração de compostos orgânicos de amostras biológicas complexas[58].

Num outro trabalho, os investigadores prepararam um novo

nanoadsorvente, nanopartículas de Fe3O4@líquido iónico @laranja de metilo (Fe3O4@IL@MO NPs) através de auto-montagem. Este novo tipo de nanoadsorvente combina as vantagens do IL, do MO e das MNPs. Em comparação com os trabalhos anteriormente relatados [59],[60], este MSPE baseado em nano-adsorvente proporciona um processo de preparação de amostras fácil, rápido e eficiente, que permite o tratamento de amostras de grande volume num curto período de tempo[61].

Em diferentes trabalhos, um líquido iónico foi sintetizado e carregado no polímero reticulado líquido iónico-p-ciclodextrina. A espetroscopia de infravermelhos com transformada de Fourier (FT-IR) foi utilizada para estudar as interacções de inclusão do polímero reticulado líquido iónico-β-ciclodextrina e da rodamina B. A técnica de extração em fase sólida do polímero reticulado líquido iónico-β-ciclodextrina foi seguida de uma análise por HPLC para a determinação da rodamina B em amostras reais [62].

Em trabalhos diferentes, o ILs-β-CDCP foi sintetizado como um material de extração em fase sólida para pré-concentrar/separar o magnolol acoplado ao HPLC para a análise do magnolol. Em comparação com o β-CDCP, o ILs-β-CDCP apresentou uma melhor capacidade de adsorção. O método proposto para a análise do magnolol foi satisfatório[63].

Em diferentes artigos, a utilização de MNPs funcionalizadas com Fe3O4/óxido de grafeno foi aplicada na extração de hidrocarbonetos aromáticos policíclicos (PAHs) de amostras de água. De acordo com a literatura, já foram propostas várias MNP com diferentes revestimentos, como grafeno [64], carbono [65], poliésteres [66], ácido bis-(2,4,4-trimetilpentílico)-ditiofosfínico [67] ou grupos octadecilo, para resolver o mesmo problema analítico.

Nos diferentes relatórios, os líquidos iónicos foram utilizados como veículo na extração em fase sólida dispersiva baseada em ferrofluidos (ILs-FFDSP). Tanto quanto é do nosso conhecimento, não existe nenhum relatório sobre a utilização de líquidos iónicos como veículo na FF-DSPE para a separação e pré-concentração de espécies inorgânicas ou orgânicas. Este método é simples, rápido e eficiente para a extração e pré-concentração de CuII) de várias amostras. Além disso, em comparação com a extração em fase sólida, é muito mais rápido, uma vez que o extrator (sorvente) está altamente disperso na fase aquosa. Os parâmetros que afectam a eficiência da extração foram estudados e optimizados[68].

Em trabalhos diferentes, os líquidos iónicos de imidazólio modificados com resinas macroporosas do tipo estireno foram utilizados como adsorventes de SILs para SPE de BPA. Foi estabelecido um método simples e ecológico para a determinação de vestígios de bisfenol A, acoplando a extração em fase sólida de SILs a um elétrodo de pasta de carbono de líquido iónico modificado com *β-ciclodextrina* (β-CD/ILCPE) baseado na deteção eletroquímica (SILs-SPE-ED) [69].

Noutro trabalho, a determinação de Allura Red em alimentos por líquido iónico ß-CDCP-HPLC. O objetivo deste trabalho é expandir trabalhos anteriores e demonstrar a utilização de extractores de fase sólida de líquido iónico com β-ciclodextrina para a pré-concentração e determinação de vermelho allura em alimentos[70].

Num trabalho diferente, foi utilizada uma seringa de plástico barata como dispositivo SPME simples e económico. A fim de aumentar a quantidade de material revestido, foram utilizados capilares de sílica fundida gravados para o revestimento com líquido iónico. Para comparação das eficiências de extração, utilizou-se um capilar de sílica fundida pré-coberto com membrana de Nafion e um capilar de sílica fundida não tratado revestido com o líquido iónico para extrair hidrocarbonetos aromáticos policíclicos (HAP), que serviram de compostos modelo. Para determinar a estabilidade e a utilidade numa matriz complexa, o método estabelecido foi também aplicado para a análise de PAHs libertados da queima de incenso de mosquito[71]. A Tabela 2 resume uma série de estudos seleccionados, introduzindo algumas das aplicações.

Tabela 2: Algumas aplicações de ILs em SPE e MSPE

Adsorbent Material	Analyte	Extraction/Instrumental method
$Fe_3O_4@SiO_2@IL$	RhB	MSPE-HPLC
$Fe_3O_4@SiO_2$ NPs	Linuron	SPME-UV
IL-PDMS	PAHs	GC-FID
IL-EP	BPA	IL-EP-SPE-FS
$Fe_3O_4@SiO_2@IL$	BPA	HPLC
RTILs-$Fe_3O_4@SiO_2$ NPs	Flavonoids	MSPE
$Fe_3O_4@$ IL@ MO NPs	PAHs	MSPE
IL-β-CDCP	RhB	SPE-HPLC
IL-β-CDCP	Magnolol	SPE-HPLC
$Fe_3O_4@GO$	PAHs	MSPE/GC/MS
IL-FF-DSP	CuII	FF-DSPE
β-CD /IL- CPE	Bisphnol A	SILs-SPE-ED
IL-β-CDCP	Allura red	β-CDCP -HPLC
IL-FSC	PAHs	MSPE

CAPÍTULO 6

6.1. Algumas aplicações de PILs em SPE e MSPE:

Em muitos estudos, procurou-se explorar a propriedade de aceitação de ligações de hidrogénio do anião cloreto para extrair analitos polares, incluindo fenóis, ácidos gordos voláteis (AGV) e álcoois. Para efeitos de comparação, foi também utilizado um PIL com o mesmo catião, mas emparelhado com o anião imidabis[(trifluorometil)sulfonil], conhecido por possuir uma basicidade de ligação de hidrogénio significativamente baixa, para extrair os mesmos analitos. Para além de realizar a extração numa matriz aquosa, o heptano foi também utilizado como solvente de extração para investigar a seletividade dos revestimentos PIL em relação a diferentes analitos utilizando a extração no espaço livre[71].

Noutro manuscrito, os investigadores apresentam uma série de nove revestimentos de sorvente SPME à base de PIL com ligações cruzadas, concebidos para aumentar a eficiência de extração da acrilamida. A estrutura do monómero IL foi adaptada através da introdução de diferentes grupos funcionais no catião e a natureza do reticulador foi concebida modificando a estrutura do catião e/ou combinando-o com diferentes contra-ânions. A eficiência de extração dos novos revestimentos de PIL em relação à acrilamida foi investigada e comparada com o revestimento sorvente de PIL anteriormente descrito. A compatibilidade da matriz das fibras à base de PIL com amostras complexas do mundo real foi também comprovada através da quantificação da acrilamida em café fermentado e café em pó[72]. Noutro manuscrito, foram sintetizados três ILs funcionalizados com tiofeno. O método de electropolimerização foi aplicado para a preparação de películas finas à base de líquido iónico polimérico condutor (CPIL) em substratos de macro e microelectrodos. Estes novos CPILs foram então investigados para a extração selectiva de analitos para pré-concentração eletroquímica e como revestimentos sorventes HS-SPME, nos quais demonstraram elevada estabilidade térmica e reprodutibilidade de fibra para fibra[73].

Noutro trabalho, apresentamos um novo adsorvente magnético modificado com PIL. O adsorvente proporcionou uma elevada eficiência de extração e factores de enriquecimento para a extração de OPPs. O PIL-MSPE desenvolvido foi aplicado para extrair quatro OPPs de bebidas de chá, enquanto a cromatografia líquida de alta eficiência (HPLC) foi utilizada para separação e quantificação. A preparação e a caraterização do novo adsorvente foram descritas em pormenor e os factores que afectam a eficiência da MSPE foram optimizados[74]. Noutro trabalho, foram utilizados revestimentos de adsorventes à base de PIL para a determinação de CO_2 utilizando SPME. As estruturas destes PILs, nomeadamente, poli(1-vinil-3-hexilimidazólio) bis[(trifluorometil)-sulfonil]imida [poli(VHIM-NTf2)] e poli(1-vinil-3-hexilimidazólio) taurato [poli(VHIM-taurato)], foram cuidadosamente adaptadas para aumentar a solubilidade do CO_2. As fibras SPME foram revestidas com PILs puros, bem como com misturas com a percentagem de peso desejada destes dois PILs. Para efeitos de comparação, foram incluídas neste estudo duas fibras SPME disponíveis no mercado, nomeadamente, poli(dimetilsiloxano) (PDMS) (espessura de película de 7 μm) e Carboxen-PDMS (espessura de película de 75 μm). A sensibilidade, a linearidade e a gama linear destes revestimentos sorventes foram determinadas a partir de curvas de calibração geradas em CO_2 puro e em CO_2 adicionado a uma quantidade conhecida de ar. A capacidade de armazenamento em diferentes condições de armazenamento foi examinada para fibras seleccionadas, revelando que os revestimentos sorventes à base de PIL proporcionaram capacidades superiores na retenção de CO_2 em comparação com a fibra comercial de carboxen[75]. O quadro 3 apresenta uma série de estudos seleccionados, com a introdução de algumas aplicações.

Tabela 3: Algumas aplicações de PILs em SPE e MSPE

Adsorbent Material	Analyte	Extraction/Instrumental method
PIL Based fiber	Acryl amide	SPME
CPIL	Polar analytes	HS-SPME
MPIL	OPPs	MSPE-HPLC
PIL-sorbent coated	CO_2	SPME

6.2. Conclusão

A aplicação de líquidos iónicos, abordagens, exploração como sorventes em SPE já está bem estabelecida. Além disso, as condições de SPE permitem aumentar a seletividade e a capacidade de diferentes materiais quando aplicados a amostras complexas pré-concentradas. No entanto, a sua seletividade e capacidade podem ser ainda mais aperfeiçoadas através da seleção do tipo de adsorvente. Uma vez demonstradas as vantagens dos IL como adsorventes SPE, prevê-se a sua consolidação como materiais SPE convencionais num futuro próximo, e mais ainda quando forem comercializados, pelo que os cientistas interessados na tecnologia de adsorventes de modo misto poderão também considerar que estes materiais oferecem novas e interessantes oportunidades.

Agradecimentos

Os autores agradecem o apoio financeiro da Fundação Nacional de Ciências Naturais da China (21155001, 21375117) e do Programa Académico Prioritário de Desenvolvimento das Instituições de Ensino Superior de Jiangsu.

CAPÍTULO 7

Referências

1. Chen, J. e X. Zhu, Extração magnética em fase sólida utilizando nanopartículas magnéticas core-shell revestidas com líquido iónico seguida de cromatografia líquida de alta eficiência para a determinação de Rodamina B em amostras de alimentos. Food Chem, 2016. **200**: p. 10-5.

2. Coleman, D. e N. Gathergood, Estudos de biodegradação de líquidos iónicos. Chemical Society Reviews, 2010. **39**(2): p. 600-637.

3. Deng, Y., et al., Quando é que os líquidos iónicos podem ser considerados facilmente biodegradáveis? Vias de biodegradação de líquidos iónicos à base de piridínio, pirrolidínio e amónio. Química Verde, 2015. **17**(3): p. 1479-1491.

4. Chen, J., et al., Extração magnética em fase sólida de proteínas com base em nanopartículas magnéticas modificadas com líquido iónico hidroxi funcional. Anal. Methods, 2014. **6**(20): p. 8358-8367.

5. Liu, X.D., et al., Extração em fase sólida utilizando microesferas de concha mesoporosa de núcleo magnético com paredes de poros interiores modificadas com C18 para análise de resíduos de cefalosporinas no leite por LC-MS/MS. Química dos Alimentos, 2014. **150**: p. 206-212.

6. Chen, L.G., T. Wang e J. Tong, Application of derivatized magnetic

materials to the separation and the preconcentration of pollutants in water samples. Trac-Trends in Analytical Chemistry, 2011. **30**(7): p. 1095-1108.

7.   Liu, Y., H.F. Li, e J.M. Lin, Extração magnética em fase sólida baseada na funcionalização octadecil de microesferas de ferrite magnética monodispersas para a determinação de hidrocarbonetos aromáticos policíclicos em amostras aquosas acopladas a cromatografia gasosa-espetrometria de massa. Talanta, 2009. **77**(3): p. 1037-1042.

8.   Meng, Y.J. e J.L. Anderson, Afinação da seletividade de revestimentos sorventes de líquido iónico polimérico para a extração de hidrocarbonetos aromáticos policíclicos utilizando microextracção em fase sólida. Journal of Chromatography A, 2010. **1217**(40): p. 6143-6152.

9.   Vidal, L., M.-L. Riekkola, e A. Canals, Materiais modificados com líquido iónico para extração e separação em fase sólida: Uma revisão. Analytica Chimica Ata, 2012. **715**: p. 19-41.

10.   Zhang, Q.L., et al., Nanopartículas magnéticas de Fe3O4 revestidas com líquido iónico como adsorvente de extração em fase sólida de hemimicelas mistas para pré-concentração de hidrocarbonetos aromáticos policíclicos em amostras ambientais. Analyst, 2010. **135**(9): p. 2426-2433.

11. Trujillo-Rodriguez, M.J., et al., Revestimentos de líquido iónico polimérico versus revestimentos comerciais de microextracção em fase sólida para a determinação de compostos voláteis em queijos. Talanta, 2014. **121**: p. 153-162.

12. Feng, J.J., et al., Um novo líquido iónico polimérico aromaticamente funcional como material sorvente para microextracção em fase sólida. Jornal de Cromatografia A, 2012. **1227**: p. 54-59.

13. Ye, Y.S., et al., A new graphene-modified protic ionic liquid-based composite membrane for solid polymer electrolytes. Journal of Materials Chemistry, 2011. **21**(28): p. 10448-10453.

14. Pourjavadi, A., et al., Nanopartículas magnéticas revestidas com poli(líquido iónico básico): Catalisador de líquido iónico básico suportado com alta carga. Comptes Rendus Chimie, 2013. **16**(10): p. 906-911.

15. Che, Q.T., et al., Phosphoric acid doped high temperature proton exchange membranes based on sulfonated polyetheretherketone incorporated with ionic liquids. Electrochemistry Communications, 2010. **12**(5): p. 647-649.

16. Chen, C.L., D.L. Zhao, e X.K. Wang, Influência da adição de óxido de tântalo no desempenho do condensador eletroquímico de nitreto de molibdénio. Materials Chemistry and Physics, 2006. **97**(1): p.

156-161.

17. Palacio, M. e B. Bhushan, A Review of Ionic Liquids for Green Molecular Lubrication in Nanotechnology. Tribology Letters, 2010. **40**(2): p. 247-268.

18. Keskin, S., et al., A review of ionic liquids towards supercritical fluid applications. The Journal of Supercritical Fluids, 2007. **43**(1): p. 150-180.

19. Forsman, J., C.E. Woodward, e M. Trulsson, Uma Teoria Clássica do Funcional da Densidade de Líquidos Iónicos. The Journal of Physical Chemistry B, 2011. **115**(16): p. 4606-4612.

20. Cho, C.-W., et al., Líquidos Iónicos: Previsões de propriedades físico-químicas com parâmetros LFER experimentais e/ou calculados por DFT para compreender as interacções moleculares em solução. The Journal of Physical Chemistry B, 2011. **115**(19): p. 6040-6050.

21. Slattery, J.M., et al., How to predict the physical properties of ionic liquids: a volume-based approach. Angew Chem Int Ed Engl, 2007. **46**(28): p. 5384-8.

22. Wilenska, D., et al., Predicting the viscosity and electrical conductivity of ionic liquids on the basis of theoretically calculated ionic volumes. Física Molecular, 2015. **113**(6): p. 630-639.

23. Fontanals, N., R.M. Marce, e F. Borrull, Novos materiais em técnicas

de extração sorptiva para compostos polares. Journal of Chromatography A, 2007. **1152**(1-2): p. 14-31.

24. <ac069394o.pdf>.

25. Berthod, A., M.J. Ruiz-Angel, e S. Carda-Broch, Líquidos iónicos em técnicas de separação. Journal of Chromatography A, 2008. **1184**(1-2): p. 6-18.

26. Li, Z., et al., Ionic liquid-based aqueous two-phase systems and their applications in green separation processes. TrAC Tendências em Química Analítica, 2010. **29**(11): p. 1336-1346.

27. Aguilera-Herrador, E., et al., The roles of ionic liquids in sorptive microextraction techniques. TrAC Tendências em Química Analítica, 2010. **29**(7): p. 602-616.

28. Ho, T.D., A.J. Canestraro, e J.L. Anderson, Líquidos iónicos na microextracção em fase sólida: Uma revisão. Analytica Chimica Ata, 2011. **695**(1-2): p. 18-43.

29. Li, X.S., et al., Um compósito de magnetite/nanotubos de carbono oxidados utilizado como adsorvente e uma matriz de MALDI-TOF-MS para a determinação de benzo a pireno. Chemical Communications, 2011. **47**(35): p. 9816-9818.

30. Liu, Q., et al., Hemimicelas/admicelas suportadas em folhas de grafeno magnético para uma melhor extração magnética em fase sólida. Journal of Chromatography A, 2012. **1257**: p. 1-8.

31. Mashhadizadeh, M.H., M. Amoli-Diva, e K. Pourghazi, Extração em fase sólida de nanopartículas magnéticas para a determinação de ocratoxina A em cereais utilizando cromatografia líquida de alta eficiência com deteção de fluorescência. Journal of Chromatography A, 2013. **1320**: p. 17-26.

32. Rastkari, N. e R. Ahmadkhaniha, Extração magnética em fase sólida baseada em nanotubos de carbono magnéticos de paredes múltiplas para a determinação de monoésteres de ftalato em amostras de urina. Journal of Chromatography A, 2013. **1286**: p. 22-28.

33. Plotka-Wasylka, J., et al., Técnicas miniaturizadas de extração em fase sólida. TrAC Tendências em Química Analítica, 2015. **73**: p. 19-38.

34. He, M., B. Chen, e B. Hu, Desenvolvimentos recentes na extração sortiva de barras de agitação. Química Analítica e Bioanalítica, 2014. **406**(8): p. 2001-2026.

35. Fumes, B.H., et al., Avanços recentes e tendências futuras em novos materiais para preparação de amostras. TrAC Tendências em Química Analítica, 2015. **71**: p. 9-25.

36. Giakisikli, G. e A.N. Anthemidis, Magnetic materials as sorbents for metal/metalloid preconcentration and/or separation. Uma revisão. Analytica Chimica Ata, 2013. **789**: p. 1-16.

37. Cao, W., et al., Trace-chitosan-wrapped multi-walled carbon

nanotubes as a new sorbent in dispersive micro solid-phase extraction to determine phenolic compounds. Journal of Chromatography A, 2015. **1390**: p. 13-21.

38. Ruzicka, J. e E.H. Hansen, Retro-revisão da análise por injeção em fluxo. TrAC Trends in Analytical Chemistry, 2008. **27**(5): p. 390-393.

39. Miro, M., et al., Desenvolvimentos recentes na extração automática em fase sólida com superfícies renováveis que exploram abordagens baseadas em fluxo. TrAC Tendências em Química Analítica, 2008. **27**(9): p. 749-761.

40. Miro, M., H.M. Oliveira, and M.A. Segundo, Analytical potential of mesofluidic lab-on-a-valve as a front end to column-separation systems. TrAC Tendências em Química Analítica, 2011. **30**(1): p. 153-164.

41. Gao, Q., et al., Síntese fácil de polianilina unidimensional magnética e sua aplicação na extração magnética em fase sólida para fluoroquinolonas em amostras de mel. Analytica Chimica Ata, 2012. **720**: p. 57-62.

42. Xiao, D., et al., Extração em fase sólida de hemimicelas mistas com base em nanotubos de carbono magnéticos e líquidos iónicos para a determinação de flavonóides. Carbono, 2014. **72**: p. 274-286.

43. Sha, Y., C. Deng, e B. Liu, Desenvolvimento de nanopartículas de sílica magnética funcionalizadas com C18 como técnica de

preparação de amostras para a determinação de ergosterol em cigarros por derivatização assistida por micro-ondas e cromatografia gasosa/espetrometria de massa. Journal of Chromatography A, 2008. **1198-1199**: p. 27-33.

44. Jiang, Y., et al., Líquidos iónicos suportados por nanopartículas magnéticas para imobilização de lipase: Atividade enzimática na catalisação da esterificação. Journal of Molecular Catalysis B: Enzymatic, 2009. **58**(1^): p. 103-109.

45. Absalan, G., et al., Removal of reactive red-120 and 4-(2-pyridylazo) resorcinol from aqueous samples by Fe3O4 magnetic nanoparticles using ionic liquid as modifier. Journal of Hazardous Materials, 2011. **192**(2): p. 476-484.

46. Mashhadizadeh, M.H. e Z. Karami, Extração em fase sólida de quantidades vestigiais de Ag, Cd, Cu e Zn em amostras ambientais utilizando nanopartículas magnéticas revestidas com 3-(trimetoxisilil)-1-propantiol e modificadas com 2-amino-5-mercapto-1,3,4-tiadiazol e sua determinação por ICP-OES. Journal of Hazardous Materials, 2011. **190**(1-3): p. 1023-1029.

47. Liu, Y., H. Li, e J.-M. Lin, Extração magnética em fase sólida baseada na funcionalização octadecil de microesferas de ferrite magnética monodispersas para a determinação de hidrocarbonetos aromáticos policíclicos em amostras aquosas acopladas a

cromatografia gasosa-espetrometria de massa. Talanta, 2009. **77**(3): p. 1037-1042.

48. Zhang, S., et al., Barium alginate caged Fe3O4@C18 magnetic nanoparticles for the pre-concentration of polycyclic aromatic hydrocarbons and phthalate esters from environmental water samples. Analytica Chimica Ata, 2010. **665**(2): p. 167-175.

49. Bouri, M., et al., Líquidos iónicos suportados em nanopartículas magnéticas como material de pré-concentração sorvente para herbicidas de sulfonilureia antes da sua determinação por cromatografia líquida capilar. Analytical and Bioanalytical Chemistry, 2012. **404**(5): p. 1529-1538.

50. Tural, B., T. Tarhan e S. Tural, Imobilização covalente de descarboxilase de benzoilformato de Pseudomonas putida em suporte epóxi magnético e sua reatividade de carboligação. Journal of Molecular Catalysis B: Enzymatic, 2014. **102**: p. 188-194.

51. Tural, B., et al., Reatividade de carboligação da benzaldeído liase (BAL, EC 4.1.2.38) ligada covalentemente a nanopartículas magnéticas. Tetrahedron: Asymmetry, 2013. **24**(5-6): p. 260-268.

52. Wang, J., et al., Nanopartículas de paládio suportadas em nanopartículas magnéticas modificadas com líquido iónico funcional como catalisador reciclável para a reação de Suzuki à temperatura

ambiente. Tetrahedron Letters, 2013. **54**(3): p. 238-241.

53. Wang, P., et al., Preparação fácil de catalisadores ácidos nano-sólidos magnéticos funcionalizados com líquido iónico para a reação de acetalização. Catalysis Letters, 2010. **135**(1): p. 159-164.

54. Cheng, Q., et al., Extração em fase sólida de hemimicelas mistas de clorofenóis em amostras de água ambiental com nanopartículas magnéticas de Fe3O4 revestidas com brometo de 1-hexadecil-3-metilimidazólio com análise cromatográfica líquida de alto desempenho. Analytica Chimica Ata, 2012. **715**: p. 113-119.

55. Galan-Cano, F., et al., Ionic liquid coated magnetic nanoparticles for the gas chromatography/mass spectrometric determination of polycyclic aromatic hydrocarbons in waters. Journal of Chromatography A, 2013. **1300**: p. 134-140.

56. Liu, J. e X. Zhu, extração em fase sólida de perlite expandida imobilizada por líquido iónico para separação/análise de bisfenol A em material de embalagem de alimentos. Food Analytical Methods, 2016. **9**(3): p. 605-613.

57. Chen, S., J. Chen, e X. Zhu, Extração em fase sólida de bisfenol A utilizando nanopartículas magnéticas core-shell (Fe3O4@SiO2) revestidas com um líquido iónico, e a sua quantificação por HPLC. Microchimica Ata, 2016. **183**(4): p. 1315-1321.

58.	He, H., et al., Extração em fase sólida de hemimicelas mistas com base em nanopartículas de Fe3O4/SiO2 revestidas com líquido iónico para a determinação de flavonóides em amostras de bio-matrizes acopladas a cromatografia líquida de alta eficiência. Journal of Chromatography A, 2014. **1324**: p. 78-85.

59.	Qiu, H., et al., Uma nova fase estacionária C18 incorporada em imidazólio com desempenho melhorado em cromatografia líquida de fase reversa. Analytica Chimica Ata, 2012. **738**: p. 95-101.

60.	Qiu, H., et al., Uma abordagem fácil e específica para novos adsorventes de cromatografia líquida obtidos por auto-montagem iónica. Chemistry, 2011. **17**(26): p. 7288-97.

61.	Liu, X., et al., Nanopartículas de Fe3O4@líquido iónico@laranja de metilo como um novo nano-adsorvente para extração magnética em fase sólida de hidrocarbonetos aromáticos policíclicos em amostras de água ambiental. Talanta, 2014. **119**: p. 341-347.

62.	Ping, W., X. Zhu e B. Wang, um polímero de ligação cruzada de p-ciclodextrina carregado com líquido iónico como material de extração de fase sólida acoplado a cromatografia líquida de alto desempenho para a determinação de rodamina B em alimentos. Analytical Letters, 2014. **47**(3): p. 504-516.

63.	Zhou, N. e X.-S. Zhu, polímero de p-ciclodextrina funcionalizado com líquidos iónicos para separação/análise de magnolol. Jornal de

Análise Farmacêutica, 2014. **4**(4): p. 242-249.

64. Han, Q., et al., Fabrico fácil e ajustável de nanocompósitos de Fe3O4/óxido de grafeno e sua aplicação na extração magnética em fase sólida de hidrocarbonetos aromáticos policíclicos de amostras ambientais de água. Talanta, 2012. **101**: p. 388-395.

65. Heidari, H., H. Razmi, e A. Jouyban, Preparação e caraterização de nanocompósito de nanopartículas magnéticas de Fe3O4 revestidas a cerâmica/carbono como adsorvente de microextracção em fase sólida. Journal of Chromatography A, 2012. **1245**: p. 1-7.

66. Zhang, X., et al., Associação entre o polimorfismo CTGF - 945C/G e a esclerose sistémica: Uma meta-análise. Gene, 2012. **509**(1): p. 1-6.

67. Tahmasebi, E. e Y. Yamini, Síntese fácil de um novo nano sorvente para extração magnética em fase sólida por auto-montagem de ácido bis-(2,4,4-trimetilpentil)-ditiofosfínico em nanopartículas Fe3O4@Ag core@shell: Caracterização e aplicação. Analítica Chimica Ata, 2012. **756**: p. 13-22.

68. Davudabadi Farahani, M., et al., Ionic Liquid as a Ferrofluid Carrier for Dispersive Solid Phase Extraction of Copper from Food Samples. Métodos Analíticos Alimentares, 2015. **8**(8): p. 1979-1989.

69. Huang, L.-L., et al., Extração em fase sólida de líquidos iónicos suportados acoplada a deteção eletroquímica para determinação de vestígios de bisfenol A. Chinese Journal of Analytical Chemistry,

2015. **43**(3): p. 313-318.

70. Qin, X. e X. Zhu, Determinação de Allura Red em Alimentos por Extração de Fase Sólida de Polímero Iónico Líquido ß-Ciclodextrina-Cross-Linked e Cromatografia Líquida de Alto Desempenho. Analytical Letters, 2016. **49**(2): p. 189-199.

71. Huang, K.-P., et al., Preparação e aplicação de fibras capilares de sílica fundida revestidas com líquido iónico para microextracção em fase sólida. Analytica Chimica Ata, 2009. **645**(1-2): p. 42-47.

72. Cagliero, C., et al., Matrix-compatible sorbent coatings based on structurally-tuned polymeric ionic liquids for the determination of acrylamide in brewed coffee and coffee powder using solid-phase microextraction. Journal of Chromatography A, 2016. **1459**: p. 17-23.

73. Young, J.A., et al., Conductive polymeric ionic liquids for electroanalysis and solid-phase microextraction (Líquidos iónicos poliméricos condutores para electroanálise e microextracção em fase sólida). Analytica Chimica Ata, 2016. **910**: p. 45-52.

74. Zheng, X., et al., Nanopartículas magnéticas imobilizadas em poli(líquido iónico) como novo adsorvente para extração e enriquecimento de pesticidas organofosforados de bebidas de chá. Journal of Chromatography A, 2014. **1358**: p. 39-45.

75. Zhao, Q., J.C. Wajert, e J.L. Anderson, Polymeric Ionic Liquids as

CO2 Selective Sorbent Coatings for Solid-Phase Microextraction. Analytical Chemistry, 2010. **82**(2): p. 707-713.

Printed by Books on Demand GmbH, Norderstedt / Germany